Friederike Schultz

Jungmoränenlandschaft in Schleswig-Holstein und Mecklenburg-Vorpommern

Friederike Schultz

Jungmoränenlandschaft in Schleswig-Holstein und Mecklenburg-Vorpommern

GRIN Verlag

Bibliografische Information der Deutschen Nationalbibliothek: Die Deutsche Bibliothek
verzeichnet diese Publikation in der Deutschen Nationalbibliografie; detaillierte bibliografische Daten sind im Internet über http://dnb.d-nb.de/ abrufbar.

1. Auflage 2012
Copyright © 2012 GRIN Verlag
http://www.grin.com/
Druck und Bindung: Books on Demand GmbH, Norderstedt Germany
ISBN 978-3-656-15811-0

Inhaltsverzeichnis

1 Einleitung

> *„Herr Professor, unser Studienrat, Herr M., hat uns erzählt, daß [sic] es in anderen Teilen Norddeutschlands Grundmoränen-Ebenen, kuppige Grundmoränenlandschaft, Endmoränen und Sandur gibt, daß [sic] er aber nicht wisse, wo solche in Ostholstein seien.“*
>
> *Der andere Schüler: „ Unser Lehrer fügte hinzu, anderswo geben es geologische Karten, aus denen man sich über die Gebilde, die die Erdoberfläche formten, gut unterrichten könne. Wir möchten gerne wissen, wo wir diese Karte wenigstens einmal einsehen könnten.“*
>
> *„Leider kann ich Ihnen diese Karten auch nicht zeigen. Die gibt es nicht.“*
>
> *„Warum gibt es sie für den ehemaligen deutschen Osten überall, wie unser Studienrat sagte, aber hier bei uns nicht?“*
>
> *„Weil die frühere Provinzialverwaltung und die Preußische Geologische Landesanstalt in Berlin sich über die Kostenverteilung leider nie einigen konnten.“*
>
> *„Wird es nun aber bald diese Karten geben?“*
>
> *„Hoffentlich! Jetzt, wo das Landesamt für Angewandte Geologie allein von Schleswig-Holstein betreut wird, kann dieses Amt die Karten hoffentlich in einigen Jahren liefern. Die Hauptaufgabe dieses Amtes sollte es wenigstens sein, diese Karten endlich herauszubringen.“*
>
> *„Aber, Herr Professor, könnten Sie uns wenigstens sagen, wo wir in Ostholstein Grundmoränen-Ebenen, Schmelzwassersand-Ebenen und Wallberge finden? Wir möchten gerne über die Entstehung unserer heimischen Oberflächenformen eine Jahresarbeit machen.“*
>
> *„Einen Teil ihrer Fragen könnte ich wohl beantworten, denn ich habe kürzlich den nordöstlichen Teil von Ostholstein auf seinen eiszeitgeschichtlichen Inhalt neu untersucht. Aber wäre es nicht richtiger, Sie versuchen selber, dieses Kapitel der Erdgeschichte aus der Natur herauszulesen?“*
>
> *„Gerne! Aber wie sollen wir das anfangen?“*
>
> *„Zunächst unterrichten Sie sich über die eisbedingten Grundformen, wie Satz- und Stauch-Endmoränen, Zungenbecken, Os – auch Wallberge genannt- und Grundmoränen-Ebenen!“* (GRIPP 1952:119).

Mittlerweile ist die Eiszeitforschung ein wenig weiter, allerdings hat sich am Landschaftsbild geomorphologisch seit den 1950er Jahren nicht viel verändert. Die Mittel und Wege zu Informationsmaterial sind heutzutage durch Internet und bibliothekarische Verbunde wesentlich einfacher. Diese Hausarbeit wird sich damit befassen die Umstände der glazialen Formung zu erläutern, die Oberflächenformen der Jungmoränenlandschaft werden für den weiteren Verlauf der Arbeit näher erklärt, die Landschaft Norddeutschlands in verschieden geformte Bereiche gegliedert, hierbei wird besonderes Augenmerk auf die

Jungmoränenlandschaft gelegt. Die noch heute sichtbaren Hohlformen der Jungmoränenlandschaft in Schleswig-Holstein und Mecklenburg-Vorpommern werden einige schöne Beispiele für die glaziale Formung aufzeigen. Die Seitenzahl der Arbeit wird umfangreicher ausfallen, da es wichtig erschien, die Abläufe anhand von Bild- und Kartenmaterial in angemessener Größe zu veranschaulichen.

Um die Abläufe zeitlich richtig einordnen zu können, wird eine Zeittafel, siehe Tabelle 1, vorangestellt, auf die immer wieder zurückgegriffen werden kann.

Tab. 1: Pleistozängliederung in Europa (BRUNNACKER 1990:64, verändert)

Estimated age (years BP)	Epoch	Subdivision	NORTH-WEST EUROPE General division	BRITAIN	ALPS	CENTRAL ITALY Glaciytions	Marine stages MEDITERRANEAN	Marine stages NW. EUROPE
0			HOLOCENE	Holocene			transgr. ("Nizza")	Flandrian
10,000								
35,000	PLEISTOCENE	Late	Weichsel	Weichselian (Devensian)	Würm	Pontinian	regression	regression
75--110,000								
?125,000			Eem	Ipswichian	R/W		Tyrrhenian	Eem Sea
			Saale	Wolstonian	Riss	Nomentana	regression	regression
			Holstein	Hoxnian	M/R		?	Holstein Sea
		Middle	Elster	Anglian	Mindel	?Flaminia	Roman Regression	regression
400,000			Cromer Complex	Cromerian Beestonian Pastonian	?	?	Crotonian	?
700,000			Menapian	–	?	??Cassia	Sicilian	
900,000			Waal	–				?
		Early	Eburonian	Baventian	?	?		
			Tiglian	Antian Thurnian Ludhamian			Emilian	regression
1.7 million								"Icenian"
			Praetiglian	?Waltonian	?	Acquatraversa	Calabrian	"Amstelian"
2–2.5 million	PLIO-CENE		Reuverian	Coralline Crag			Piacentian-Astian	older marine deposits

3

2 Entwicklung im Pleistozän

Das skandinavische Inlandeis war maßgeblich für die Formung der Küstengebiete der Ostsee im Pleistozän verantwortlich. Prozesse wie glaziäre Exaration und glaziäre Akkumulation wirkten auf die Küstenstreifen. Der Vorstoß, wie in Abbildung 1 ersichtlich, der älteren Eiszeiten Elster, mittleres Pleistozän, und Saale, frühes Spätpleistozän, reichten viel weiter nach Süden, als der Vorstoß der Weichseleiszeit im späten Spätpleistozän.

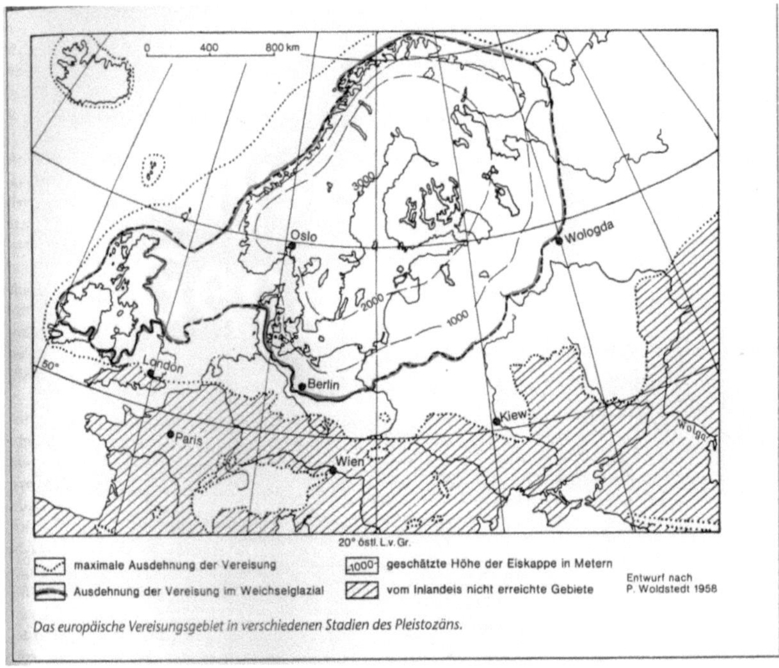

Abb. 1: Das europäische Vereisungsgebiet (GOUDIE 2007:61, verändert)

In Schleswig-Holstein liegen die weichseleiszeitlichen Randlagen (Brandenburger, Frankfurter und Pommersches Stadium) sehr dicht bei einander, kaum von einander zu trennen. In Mecklenburg-Vorpommern trennen sie sich und liegen weiter auseinander, so dass die einzelnen Stadien gut erkennbar sind (LIEDTKE & MARCINEK 1995:239 ff.). Die Eisrandlagen werden in den Kapiteln Schleswig-Holstein und Mecklenburg-Vorpommern detailliert erläutert. Die Jungmoränenlandschaft ist eine der jüngsten Landschaften überhaupt. Sie ist auf dem Gebiet der Vereisungen der Weichseleiszeit zu finden. Sie erstreckt sich in Deutschland über das östliche Schleswig-Holstein, über Mecklenburg-Vorpommern bis nach Brandenburg, wie auf Abbildung 1 schon zu erahnen ist.

2.1 Glaziale Serie

„Sie ist eine etwa gleichzeitig entstandene (und damit gleichaltrige) Formengemeinschaft an einem Gletschereisrand, deren einzelne Glieder räumlich aufeinanderfolgen. Vom Zentrum des Inlandeisschildes reihen sich in Norddeutschland meist aneinander: 1. die Grundmoräne (mit Zungenbecken), 2. die Endmoräne, 3. der Sander und 4. das Urstromtal." (LIEDKTE & MARCINEK 1995:275).

Die glaziale Serie, fasst eine nach bestimmten Regeln folgende Aneinaderreihung von Aufschüttungs und Ausschürfungsformen zusammen (EMBLETON et al. 1992:106).

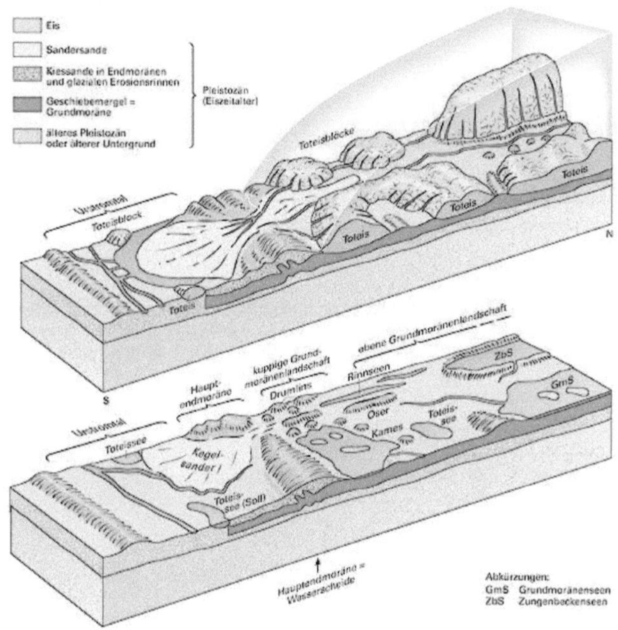

Abb. 2: Glaziale Serie (KLETT o.J.)

Wie in der Abbildung 2 ersichtlich befindet sich der Gletscher im Bereich der Grundmoräne bis hin zur Endmoräne. Nach dem Abschmelzen des Gletschers werden die prägnanten Oberflächenformen der auf dem Gebiet befindlichen Jungmoränenlandschaft sichtbar, bzw. entwickeln sich dort. An die Hauptendmoräne schließen sich die Sanderflächen an, die in Norddeutschland hauptsächlich aus Kiesen und Sanden bestehen (EMBLETON et al. 1992:102). Die Gletscherschmelzwasser fließen über die Sanderflächen in die Urstromtäler. In Schleswig-Holstein entwässerten die Gletscher in die Nordsee.

2.2 Oberflächenformen der Jungmoränenlandschaft

Das Jungmoränengebiet erstreckt sich über den Bereich der weichselglazialen Vergletscherung. Das landschaftliche Gepräge ist besonders von vielen Seen, Hohlformen und einer hügeligen Landschaft gezeichnet. Der glaziale Formenschatz beinhaltet Formen wie Drumlins, Kames, Oser, sowie Rinnen- und Zungenbecken. Drumlins liegen in der Bewegungsrichtung des sich zurückgezogenen Gletschers. Sie können mehrere Hundertmeter lang werden und einige Meter hoch. Drumlins (Abbildung 3) besitzen eine längliche oder ovale Form. Die Seite, die dem Gletscher zugewandt ist, ist steil, die abgewandte Seite ist flach auslaufend.

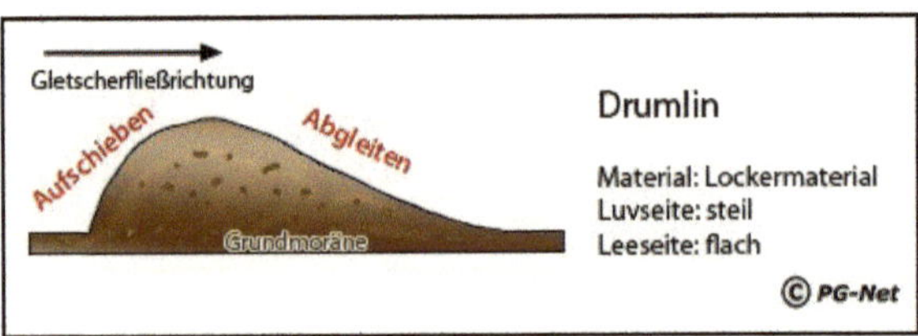

Abb. 3: Drumlins (FREIE UNIVERSITÄT BERLIN 2007)

Kames (Abbildung 4) hingegen sind Schmelzwasseraufschüttungen zwischen bzw. an Toteisblöcken. Sie besitzen eine kuppige oder hügelige Form. Kames können in Oser übergehen.

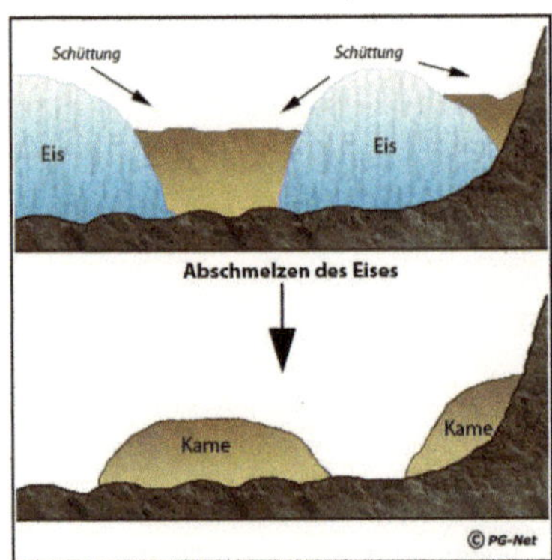

Abb. 4: Kames (FREIE UNIVERSITÄT BERLIN 2007²)

Oser (Abbildung 5) sind ebenfalls Schmelzwasserablagerungen, die sich allerdings unter oder in dem stagnierenden Gletscher in Schmelzwasserrinnen gebildet haben.

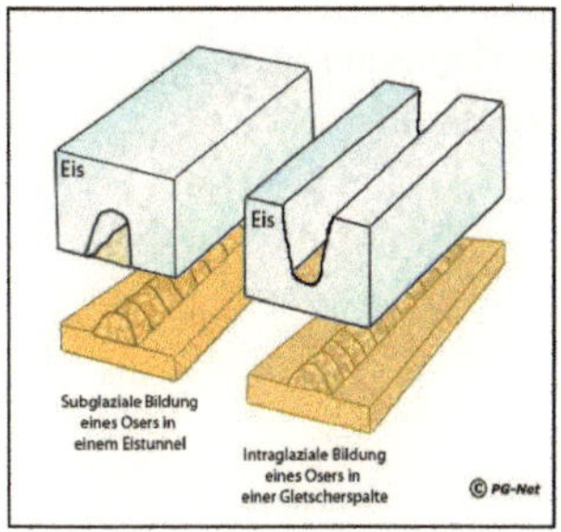

Abb. 5: Oser (FREIE UNIVERSITÄT BERLIN 2007³)

Die Form der Oser lässt sich am Besten als langgezogene dammartige Anhöhen bezeichnen. Oser können mehrere Kilometer lang werden (LIEDKTE & MARCINEK 1995:276). Rinnenseen, Toteislöcher und Zungenbeckenseen gehören ebenso zum Glazialen Formenschatz. Rinnenseen entstehen in subglazialen Tunneltälern dort, wo Schmelzwasser Material abträgt. Meist waren zuvor dort große Spalten, in die sich das Schmelzwasser ergießt (EMBLETON et al. 1992:105). Toteislöcher entstehen, wenn Gletschereis mit Ablagerungen überschüttet werden, und somit von der Lufttemperatur abgeschnitten sind. Sie schmelzen somit wesentlich langsamer und wenn sie verschwunden sind, dann bleiben sogenannte Toteislöcher, oder auch Sölle genannt, zurück (EMBLETON et al.1992:101).
Zungenbeckenseen sind in die Länge gestreckte, mit Wasser gefüllte Hohlformen, die durch Ausschürfung des Gesteins im Zuge von Gletschervorstößen entstanden sind (Embleton et al.1992:95).

3 Schleswig-Holstein

Wenn man sich Schleswig Holstein auf einer Karte ansieht, wird klar, dass die Ostseeküste im Gegensatz zur Nordseeküste stark zergliedert ist. Es finden sich im Norden tief ins Land reichende Förden und südlicher gelegene große Buchten. Die Landeinschnitte sind das Produkt der Vereisungen während der Weichseleiszeit. Als das Eis sich in Richtung Land von Skandinavien ausgehend vorschob, spaltete sich das Eis in Teilloben auf und schuf so durch Eisoszillationen mehr oder weniger tiefe Zungenbecken. Das Schmelzwasser sorgte in der Abschmelzphase des Gletschers für Ausschürfungen und Rinnenbildung in den Zungenbecken. Das Ausgangsrelief der Förden war gebildet, allerdings wurden diese mit Wasser erst geflutet, als sich die Belte geöffnet haben. Es entstand durch weitere Transgression eine Ingressionsküste (LIEDTKE & MARCINEK 1995:245 ff.). Auf Abbildung 6 ist das östliche Hügelland in Schleswig Holstein zu sehen. Das östliche Hügelland umfasst in etwa das Gebiet der Jungmoränenlandschaft in Schleswig-Holstein.

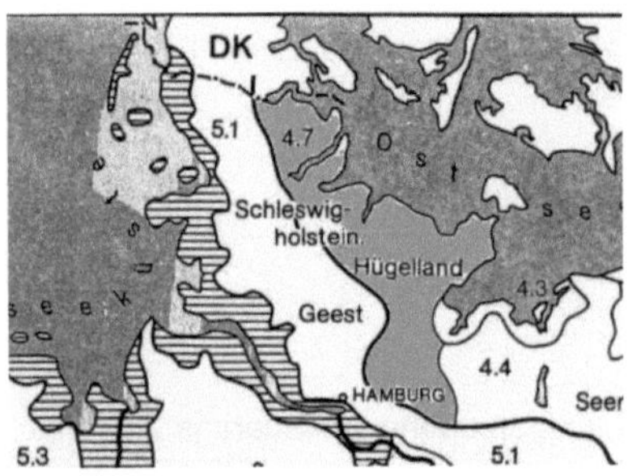

Abb. 6: Östliches Hügelland (LIEDTKE & MARCINEK 1995:273, verändert)

3.1 Eisrandlagen

Die Eisrandlagen des Weichselglazials in Schleswig-Holstein liegen, wie schon zuvor erwähnt, sehr dicht bei einander. Westlich der weichseleiszeitlichen Randlagen schließen sich die Ablagerungen der älteren Eiszeiten Saale und Elster an, die sogenannte Altmoränenlandschaft an, siehe Abbildung 7. Diese Gebiete waren in früheren Eiszeiten mit Eis bedeckt, blieben aber in der letzten Eiszeit eisfrei und wurden letztmalig periglaziär überformt. Die großen Geestflächen wurden durch Deflation mit Kiesen und Sanden überformt und es bildete sich eine Steinsohle (Liedtke & Marchinek 1995:284f.).

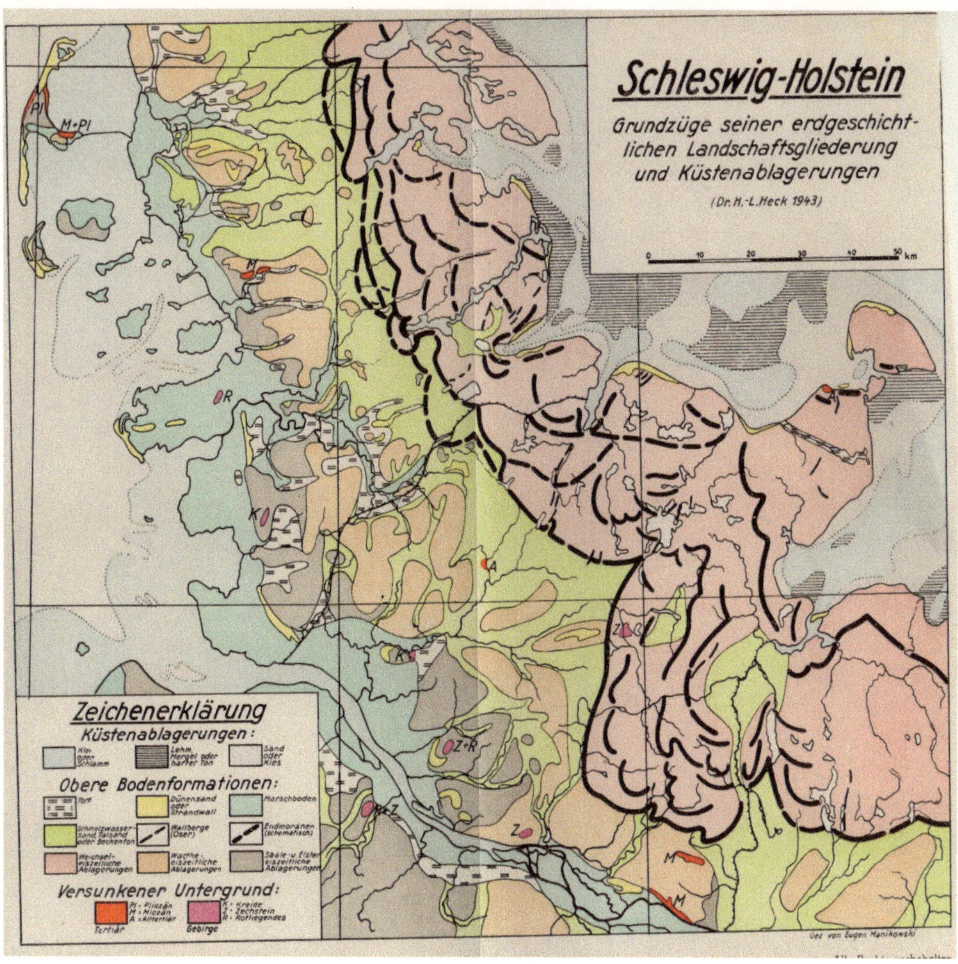

Abb. 7: Eisrandlagen Schleswig-Holstein (HECK & WOLFF 1949)

3.2 Holsteinische Schweiz

Die Holsteinische Schweiz ist ein Gebiet zwischen Kiel und Lübeck. Sie ist ein sehr seenreiches Gebiet, mit den großen Seen, wie Plöner See, Selenter See und dem Großen Eutiner See. Die Seen in diesem Gebiet sind die Überreste des einstigen großen Schwentinesees, dessen Seespiegel einst zwischen 36 und 39 m ü NN lag (MLUR 1998:6). Die höchste Erhebung ist der Bungsberg mit einer Höhe von 167 m.

Der Große Plöner See ist der größte Binnensee in Schleswig-Holstein. Er hat eine Fläche von 29,97 km². Er wurde durch zwei Gletscherzungen geformt. Aus nördlicher Richtung kam die eine, und aus dem Osten stieß die Eutiner Gletscherzunge hinzu. Es lösten sich die Bosauer und die Ascheberger Zunge und schürften gemeinsam das Becken des Plöner Sees aus. In Nord-Süd-Richtung dehnt sich der tiefere Teil des Sees, das Plöner Becken, mit max. 58 m aus. Die ost-westliche Ausdehnung des Ascheberger Beckens hat nur eine maximale Tiefe von 30 m. Dies ist auch gut in Abbildung 8 zu erkennen. (MLUR 1998:6).

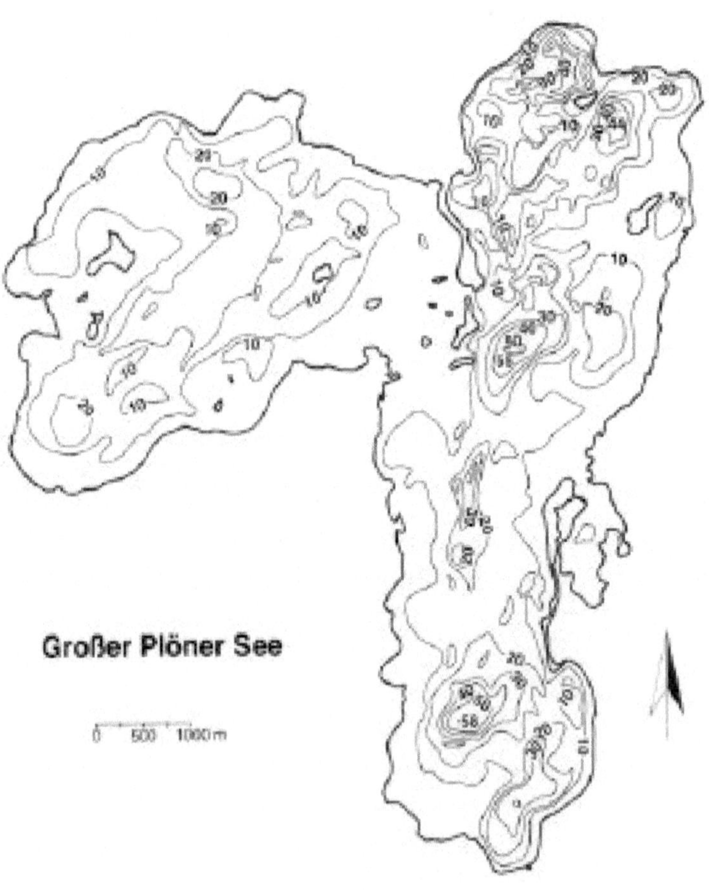

Abb. 8: Großer Plöner See mit Tiefenangaben (MLUR 1998:8)

4 Mecklenburg-Vorpommern

Der Fokus dieser Arbeit konzentriert sich lediglich auf das Jungmoränengebiet in Mecklenburg-Vorpommern. Im Norden erstreckt sich über eine Länge von 337 die Außenküste und über 1568 km die Bodden- und Haffküste. Außerdem findet man im Norden auch die größte Insel Deutschlands, Rügen. Auch in Mecklenburg-Vorpommern ist die Landschaft hauptsächlich durch das Weichselglazial, wie in Abbildung 9 deutlich zu erkennen ist, stark geprägt. Die höchste Erhebung sind mit 179 m die Helpter Berge. Beispielhaft für den glazialen Formenschatz ist das Gebiet der Mecklenburger Seenplatte.

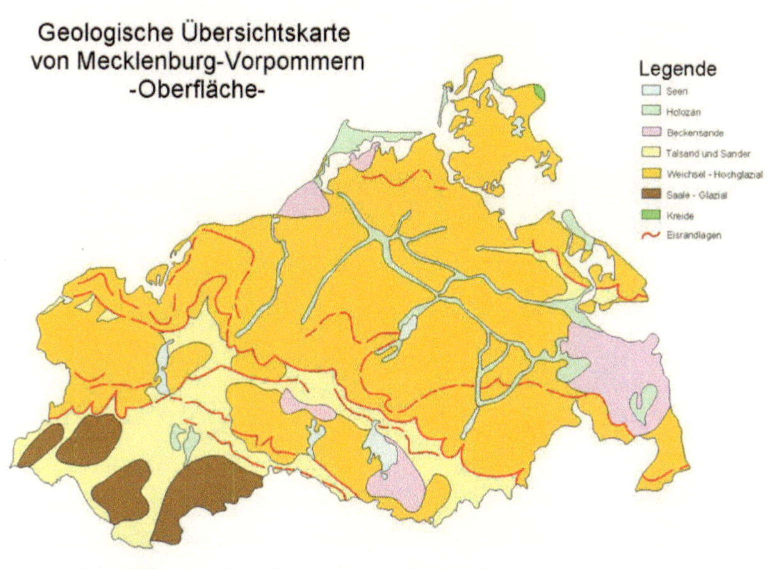

Abb.9: Geologische Übersichtskarte MV (MÜLLER & SCHÜTZE 2003)

4.1 Die Eisrandlagen

Die Eisrandlagen in Mecklenburg-Vorpommern sind besser zu erkennen, wie die in Schleswig-Holstein. In Abbildung 10 sind die Eisvorschübe der Weichseleiszeit schön gegliedert und reichen von der nördlichsten Eisrandlage, der Nordrügen-Ostusedomer Staffel bis hin zu der im Süden befindlichen Brandenburger Hauptrandlage. Abbildung 10 zeigt des Weiteren auch die Haupt- und Zwischenrandlagen der Saale- und Elstereiszeit die ebenfalls Periglazial überformt sind. Im nächsten Unterkapitel wird sich das Gebiet zwischen der Pommerschen Hauptrandlage im Norden und der Frankfurter Randlage im Süden beschränkt, da sich dort die Mecklenburgische Seenplatte befindet.

Abb. 24.1 Position bedeutender Eisrandlagen des Pleistozän in Ostdeutschland
(nach A.G. CEPEK 1968; J. MARCINEK & B. NITZ 1973; W. KNOTH 1995; L. EISSMANN 1997a; L. LIPPSTREU 2002b; F. BREMER 2004; T. LITT et al. 2007; K. SCHUBERTH 2008; L. WOLF & W. ALEXOWSKY 2008)

Abb. 10: Eisrandlagen in Ostdeutschland (Franke 2012)

4.2 Mecklenburgische Seenplatte

Wie in Abbildung 11 zu sehen ist, schließt die Mecklenburgische Seenplatte direkt an das östliche Hügelland Schleswig-Holsteins an. Das Landschaftsgepräge ähnelt stark dem in Schleswig-Holstein.

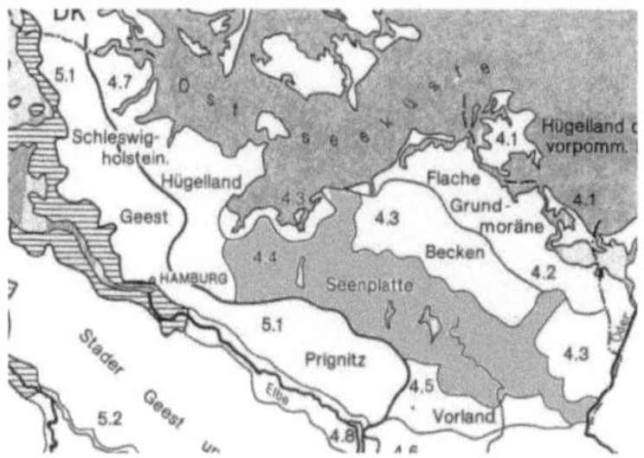

Abb. 11: Mecklenburgische Seenplatte (LIEDTKE & MARCINEK 1995:273)

Wie der Name schon sagt, ist es ein sehr gewässerreiches Gebiet. Im Folgenden werden 3 verschiedene Seen als Beispiel für mögliche Hohlformen aufgezeigt.

4.2.1 Schmaler Luzin

Der Schmale Luzin ist ein typischer Rinnensee (Abbildung 12) und wird hauptsächlich vom Breiten Luzin gespeist. Er ist unterteilt in das nördliche Mittelbecken und das südlich gelegene Carwitzer Becken. Beide sind morphologisch vergleichbar und erreichen eine maximale Tiefe von 33,5 m. Sie werden durch eine Schwelle getrennt, die eine maximale Tiefe von 8 m hat (HEMM et al. 2003:252f.).

Abb. 12: Schmaler Luzin (RMV O.J.)

4.2.2 Teterower See

Der Teterower See ist durch das Ausschürfen einer Grundmoräne im Teterower Becken währen der Weichseleiszeit entstanden. Er hat eine Gesamtfläche von 365 ha und eine mittlere Tiefe von 4 m. Die Maximale Tiefe liegt bei 15 m (Abbildung 13), womit er eher zu den flachen Seen gehört (BRANDES 2006). Im Nordosten entwässert er in den Kummerower See durch den Peenekanal (HEMM et al. 2003:277).

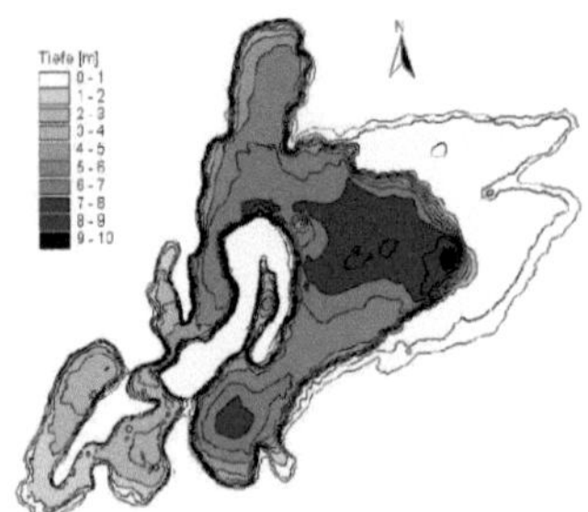

Abb. 13: Teterower See mit Tiefenangaben (HEMM et al. 2003:277)

4.2.3 Müritz

Die Müritz ist der größte nur in Deutschland liegende Binnensee. Er hat eine Fläche von 112,6 km² und eine maximale Tiefe von 31m. Er ist ein Kombinationssee, was soviel heisst, dass er ein flacher Grundmoränensee ist der durch tiefe Rinnen zerschnitten ist. Er wird in vier Teile unterteilt, die Binnenmüritz, die Außenmüritz, die Röbeler Bucht und die kleine Müritz. Die Tiefste Stelle befindet sich in der Binnenmüritz, die sonst kaum Zugang zur restlichen Müritz hat und nur einen kleinen Teil darstellt. Den Hauptteil macht die Außenmüritz aus (HEMM et al. 2003:191f.).

Abb. 13: Die Müritz im Winter (MOMBREI 2009)

5 Zusammenfassung

Die letzte Eiszeit hat einen unglaublichen Formenschatz im Norden von Deutschland hinterlassen. Diese Arbeit hat gezeigt, wie vielfältig die Oberflächenformen der Jungmoränenlandschaft sind. Die Landschaft im Schleswig-Holsteinischem Östlichen Hügelland ist der Landschaft der Mecklenburgischen Seenplatte sehr ähnlich, überall sind Rinnenseen, Gletscherseen, Drumlins und Oser zu finden. Im Gegensatz dazu ist das Altmoränengebiet periglazial überformt.

Literaturverzeichnis

BRANDES, J. (2006): GeoSteckbriefe Universität Greifswald. Teterower See. <http://www.uni-greifswald.de/~geo/~geosite/index_dateien/Seiten/Mecklenburg_Jule/GeoSteckbriefe/Tetero werSee.pdf> (Zugriff: 2012-02-28).

EMBLETON-HAMANN, C./ FISCHER, H./ WILHELMY, H. (1992): Geomorphologie in Stichworten. III Exogene Morphodynamik. Berlin/ Stuttgart: Bornträger.

GRIPP, K (1952): Die Entstehung der Landschaft Ost-Holsteins. Ein Gespräch mit reiferen Schülern als Erläuterung zur Karte der Eisrandlagen Ost-Holsteins. In: GUENTHER, W. / GRIPP, K. (Hrsg.): Meyniana. Veröffentlichungen aus dem Geologischen Institut der Universität Kiel. Band 1. Neumünster: Wachholtz, 119-129.

HEMM, M./ HOFFMANN, A./ NIXDORF, B./RICHTER, P. (2003): Dokumentation von Zustand und Entwicklung der wichtigsten Seen Deutschlands. Teil 2 – Mecklenburg-Vorpommern. <http://www-docs.tu-cottbus.de/gewaesserschutz/public/projekte/uba_2/02_meck_pom.pdf> (Zugriff: 2012-02-28).

LIEDTKE, H./ MARCINEK, J. (Hrsg.) (1995):Physische Geographie Deutschlands. Gotha, Justus Perthes.

MLUR (Ministerium für Landwirtschaft, Umwelt und ländliche Räume) (1998): Zustand und Belastungsquellen Großer Plöner See. <http://www.umweltdaten.landsh.de/nuis/wafis/ seen/gr_ploener_see.pdf> (Zugriff: 2012-02-28)

Abbildungsverzeichnis

BRUNNAKER, K. (1990): Gliederung und Dauer des Eiszeitalters im weltweiten Vergleich. In: LIEDTKE, H. (Hrsg.): Eiszeitforschung. Darmstadt, Wissenschaftliche Buchgesellschaft.

FRANKE, D. (2012): Regionale Geologie von Ostdeutschland. Sachsen, Thüringen, Sachsen-Anhalt, Brandenburg, Mecklenburg-Vorpommern. Ein Wörterbuch. < http://www.regionalgeologie-ost.de/Abb.%2024.1%20Eisrandlagen.pdf> (Zugriff: 2012-02-28).

FUB (Freie Universität Berlin) (2007): Drumlins. <http://www.geo.fu-berlin.de/fb/e-learning/pg-net/themenbereiche/geomorphologie/medien_geomorph/medien_ geomorph_glazial/Drumlins.gif> (Zugriff: 2012-02-28).

FUB (Freie Universität Berlin) (2007²): Kames. <http://www.geo.fu-berlin.de/fb/e-learning/pg-net/themenbereiche/geomorphologie/medien_geomorph/medien_ geomorph_glazial/Kames_Bildung.gif> (Zugriff: 2012-02-28).

FUB (Freie Universität Berlin) (2007³): Oser. <http://www.geo.fu-berlin.de/fb/e-learning/pg-net/themenbereiche/geomorphologie/medien_geomorph/medien _geomorph_glazial/Oser.gif> (Zugriff 2012-02-28).

GOUDIE, A. (2007): Physische Geographie. Eine Einführung. München, Elsevier.

HECK, L.-H./ WOLFF, W. (1949): Erdgeschichte und Bodenaufbau Schleswig-Holsteins. Hamburg, Cram, De Gruyter.

KLETT VERLAG (O.J.): Glaziale Serie. <http://www2.klett.de/sixcms/media.php/76/ glaziale_serie.jpg> (Zugriff: 2012-02-28).

LIEDTKE, H./ MARCINEK, J. (Hrsg.) (1995):Physische Geographie Deutschlands. Gotha, Justus Perthes.

MOMBREI, H. (2009): Die Müritz im Winter. <http://www.fotos-aus-der-luft.de/luftbild/5736-5/Mueritz_Winter_03> (Zugriff: 2012-02-28)

MLUR (Ministerium für Landwirtschaft, Umwelt und ländliche Räume) (1998): Zustand und Belastungsquellen Großer Plöner See. <http://www.umweltdaten.landsh.de/nuis/wafis/ seen/gr_ploener_see.pdf> (Zugriff: 2012-02-28)

MÜLLER, U./ SCHÜTZE, K. (2003): Geologische Übersichtskarte MV. <http://www.lgb-rlp.de/fileadmin/extern/stratigraphie/mv/mv_geo.jpg> (Zugriff: 2012-02-29).

RMV (Regierungsportal Mecklenburg-Vorpommern) (O.J): Schmaler Luzin. <http://www.regierung-mv.de/cms2/Regierungsportal_prod/Regierungsportal/_Bilddateien_der_Arbeitseinheiten/LU/Verantwortung_fuer_Europas_Naturerbe/schmaler_luzin_gross.jpg> (Zugriff: 2012-02-28).